BEI GRIN MACHT SICH IHR WISSEN BEZAHLT

- Wir veröffentlichen Ihre Hausarbeit, Bachelor- und Masterarbeit

- Ihr eigenes eBook und Buch - weltweit in allen wichtigen Shops

- Verdienen Sie an jedem Verkauf

Jetzt bei www.GRIN.com hochladen und kostenlos publizieren

Bibliografische Information der Deutschen Nationalbibliothek:

Die Deutsche Bibliothek verzeichnet diese Publikation in der Deutschen National-
bibliografie; detaillierte bibliografische Daten sind im Internet über http://dnb.d-
nb.de/ abrufbar.

Impressum:

Copyright © 2014 GRIN Verlag, Open Publishing GmbH
Druck und Bindung: Books on Demand GmbH, Norderstedt Germany
ISBN: 978-3-668-19101-3

Dieses Buch bei GRIN:

http://www.grin.com/de/e-book/319600/farbstoffsensibilisierte-solarzellen-eine-
bionische-umsetzung-der-photosynthese

Bastian Schmied

Farbstoffsensibilisierte Solarzellen. Eine bionische Umsetzung der Photosynthese

GRIN Verlag

Inhaltsverzeichnis

1. Die Photovoltaik als Teilbereich des Energy Harvestings

Gehwege in Toulouse und Tokio, die Strom erzeugen, Discobesucher, welche die LED-Lichtanlage mit Strom versorgen und batterielose Funksensoren. Dies sind drei Beispiele moderner Anwendungen des Energy Harvestings. Energy Harvesting, wörtlich das Ernten von Energie, beschreibt die Gewinnung von kleinen Energieerträgen aus der potenziellen Energie der Umgebung eines Geräts - meist zum Betrieb des Geräts selbst. Dazu gehören neben den Methoden, die aus der Erschütterung des Bodens und durch den Druck auf den Funktaster Energie gewinnen, auch Methoden, mit denen Vibrationen, Temperaturunterschiede und Umgebungslicht ausgenutzt werden.

Neben den oben genannten, moderneren Beispielen ist also auch die Photovoltaik, die Energieversorgung mithilfe der Sonnenenergie, ein Teilbereich des Energy Harvestings. Solarzellen sind oft sehr präsent und werden auch in Zukunft, durch den fortschreitenden Einsatz regenerativer Energiequellen, immer mehr zum Einsatz kommen,

Photovoltaikanlagen basieren momentan meist auf Siliciumsolarzellen (Si-Zellen). Diese Arbeit soll jedoch eine Solarzelle vorstellen, die wie ihr natürliches Vorbild, die Photosynthese, auch mit natürlichen Farbstoffen Strom erzeugt. Diese sogenannten farbstoffsensibilisierten Solarzellen wurden von dem Chemiker Prof. Dr. Michael Grätzel, welcher gegenwärtig als Leiter des „Laboratory of photonics and interfaces" an der École polytechnique fédérale de Lausanne (EPFL), der Eidgenössischen Technischen Hochschule Lausanne arbeitet[1], Anfang der 90er Jahre erfunden und 1992 patentiert[2]. Nach ihrem Erfinder werden die Solarzellen auch „Grätzelzellen" genannt. In der Publizistik findet man auch die Synonyme „Farbstoffsolarzellen" und „DSSC", „DSC", „DYSC" als Abkürzungen für den englischen Ausdruck „dye-sensitized-solar cells". In der vorliegenden Arbeit wird die Abkürzung FSZ für Farbstoffsolarzellen verwendet.

Wie FSZ aufgebaut sind und funktionieren, wie die Photosynthese, das bionische Vorbild, abläuft und wie die Übertragung zu charakterisieren ist, welche Vor- und Nachteile diese Zellen im Vergleich zur konventionellen Siliciumtechnik haben und wie die zukünftige Entwicklung aussehen könnte, soll diese Seminararbeit zeigen.

Zum besseren Verständnis führt das folgende Kapitel in die physikalischen Grundlagen der Photovoltaik ein.

---

[1] Vgl. EPFL (Hg.), Prof. Michael Graetzel LPI, in: http://lpi.epfl.ch/graetzel; Zugriff vom 23.10.14

[2] Vgl. Grätzel, M., 1989. Photoelektrochemische Zelle, Verfahren zum Herstellen einer derartigen Zelle sowie Verwendung der Zelle, Europäisches Patentamt. EP 0333641 A1. 20.09.1989.

2. Grundlagen der Photovoltaik

2.1 Einsatz von Halbleitern

In Solarzellen kommen Halbleiter wie Silicium und Cadmium-Tellurid zum Einsatz. Halbleiter eignen sich aus zwei Gründen für die Verwendung in der Photovoltaik: Zum einen beobachtet man, dass sich unter Lichteinfall frei bewegliche Ladungsträger bilden, was als innerer Photoeffekt bezeichnet wird. Zum anderen ist eine Dotierung, eine gezielte Verunreinigung, möglich. So kann durch den Einbau von Fremdatomen die Leitfähigkeit des Halbleiterkristalls erhöht werden. Diese beiden Effekte tragen dazu bei, dass Lichtenergie in elektrische Energie, den gerichteten Transport von Ladungen, umgewandelt werden kann.[3]

2.2 Bändermodell

Um die Effekte in einem Halbleiter nachvollziehen zu können, betrachten wir das Bändermodell. Dazu gehen wir zuerst von einem Atom nach der Bohrschen Atomvorstellung aus. Der Atomkern setzt sich aus ungeladenen Neutronen und positiv geladenen Protonen zusammen. Die Elektronen bewegen sich auf festen Bahnen, „Schalen" genannt, um den Kern. Nach außen ist das Atom neutral, da sich die Partialladungen der Protonen und Elektronen ausgleichen. Die Schalen besitzen unterschiedliche Energieniveaus. So ist es Elektronen möglich bei Energiezufuhr in eine höhere Schale zu wechseln und unter Abgabe von Energie in Form eines Lichtquants zurückzukehren. Diese Vorgänge werden Absorption und Emission genannt und sind in Abb. 01 ersichtlich. Es gibt also innerhalb eines Atoms „definierte, diskrete Energieniveaus"[4].

Betrachtet man mithilfe von Abb. 02 was passiert, wenn mehrere Atome sich in räumlicher Nähe befinden, fällt auf, dass es „zu einer wechselseitigen Kopplung der Atome untereinander"[5] kommt. In einem Halbleiterkristall befinden sich sehr viele Atome, genauer gesagt deren Elektronenschalen, in gegenseitiger Kopplung. Da einzelne Niveaus praktisch nicht mehr zu erkennen sind, spricht man hier von Energiebändern. Das höchste noch mit Elektronen besetzte Band wird Valenzband genannt, da die dort enthaltenen Valenzelektronen am leichtersten, das heißt mit geringstem Energieaufwand, gelöst werden können und so ins Leitungsband, dem ersten unbesetzten Band, kommen können (vgl. Abb. 03). Die Anregungs-

---

[3] PVS Solarstrom (Hg.), Halbleiter – Definition und ihre Verwendung in Solarzellen, in:

http://www.photovoltaiksolarstrom.de/photovoltaiklexikon/halbleiter; Zugriff vom 31.10.14

[4] Mertens, K., Photovoltaik. Lehrbuch zu Grundlagen, Technologie und Praxis, o.O. 2013[2], S. 62.

[5] Ebd.

energie muss dazu größer als die energetische Lücke zwischen Valenz- und Leitungsband, der Verbotenen Zone, sein. Elektronen im Leitungsband erhöhen die Leitfähigkeit des Kristalls.[6]

3. Aufbau und Funktionsweise farbstoffsensibilisierter Solarzellen

FSZ bestehen aus zwei einseitig leitenden Glasscheiben bzw. Kunststoffen, welche Anode und Kathode darstellen. Auf die Anode ist ein Halbleiter mit großer Bandlücke aufgetragen, welcher mithilfe eines Farbstoffes für bestimmte Spektralbereiche sensibilisiert ist. An der Kathode befindet sich als katalytisch wirksamer Stoff eine Schicht aus Grafit oder Platin. Zwischen Anode und Kathode samt aufgetragenen Schichten befindet sich ein Elektrolyt. Dieser Aufbau ist auch in Abb. 04 dargestellt.

In FSZ stellt eine 10 µm dicke, optisch transparente Schicht aus Titandioxid-Nanopartikeln den Halbleiter dar. Ein solcher Halbleiter mit großer Bandlücke wird deshalb verwendet, weil Halbleiter mit geringerer Bandlücke zwar selbst photoelektrisch angeregt werden können, aber „bei der Verwendung von Elektrolyten photokorrosiv zersetzt"[7] werden. Durch das Auftragen des TiO_2 als Titandioxid-Nanopartikel-Suspension wird erreicht, dass die Halbleiterschicht nach dem Sintern, dem Erhitzen auf 450°C, einen hohen Rauheitsfaktor hat. Dieser sollte „grösser [sic!] als 20, vorzugsweise grösser [sic!] als 200"[8] sein, um nach dem Prinzip der Oberflächenvergrößerung mehr Farbstoffe einlagern zu können. Das Sintern verbindet die Partikel auch elektronisch. Diese Halbleiterschicht ist durch eine Einzelschicht aus Farbstoffmolekülen für den Spektralbereich des Farbstoffes sensibilisiert. Die Farbstoffe sind „chemisch an- oder eingelagert (chemosorbiert)"[9].

Vom Licht angeregte Farbstoffmoleküle setzen Elektronen frei, die an der Halbleiter-Farbstoffgrenzschicht in das Leitungsband des Halbleiters injiziert werden. Als Farbstoffe haben sich in der industriellen Fertigung Farbstoffe auf der Basis von Ruthenium vor allem wegen ihrer hohen Langzeitstabilität durchgesetzt.[10] Übergangsmetall-Komplexe wie der Rutheniumfarbstoff N-719 (auch N-3 genannt) erlauben durch ihr breites Absorptions-spektrum die Absorption eines großen Teils des Sonnenlichts, wie in Abb. 05 zu erkennen

---

[6] Vgl. Mertens, S. 62ff.

[7] Grätzel, M., Europäische Patentanmeldung; S. 2

[8] Grätzel, M., Europäische Patentanmeldung; S. 1

[9] Grätzel, M., Europäische Patentanmeldung; S. 2

[10] Vgl. Dyesol (Hg.), N719 Industry Standard Dye, in: http://www.dyesol.com/products/dsc-materials/dyes/n719-industry-standard-dye.html; Zugriff vom 23.10.14

ist.[11] Die Sensibilisierung kann jedoch auch mit Pflanzenfarbstoffen wie Anthocyanen[12] und photosynthetisch aktiven Farbstoffen wie Chlorophyll[13] erfolgen.

Die im Folgenden beschriebenen Effekte und Anregungswege sind in der Abb. 06 zu erkennen. Bei der Anregung des Farbstoffes wird ein Elektron des Farbstoffes in das Leitungsband des Halbleiters TiO_2 injiziert. Die „Elektronenlücke" am Farbstoff wird durch ein Elektron des Redoxelektrolytsystems gefüllt. Der Elektrolyt kann eine Iod-Kaliumiodid-Lösung sein. Da flüssige Elektrolyte jedoch „die Elektroden korrodieren, [...] photoreaktiv [sind], [...] auslaufen [können], und [...] einen komplizierten chemischen Aufbau [haben]"[14], versucht man diese durch feste Elektrolyte wie z.B. Cäsiumzinnjodid zu ersetzen.

Der oxidierte Farbstoff (S^+) nimmt Elektronen des Iod-Anions auf und wird dadurch „regeneriert" (S). Der Redoxelektrolyt regeneriert sich durch die fließenden Elektronen an der Kathode ($I_3^- + 2e^- \rightleftharpoons 3I^-$). Außerdem ist zu erkennen, dass die Spannung ΔV, welche die Zelle liefert, sich aus der Differenz zwischen dem Energieniveau des Leitungsbandes des Halbleiters und dem elektrochemischen Potenzial des Elektrolyten ergibt.

---

[11] Vgl. Hunger, K., Industrial Dyes. Chemistry, Properties, Applications, Weinheim 2003, S. 573

[12] Vgl. Jugend forscht (Hg.), Strom aus Tee, in: http://www.jugend-forscht.de/projektdatenbank/strom-aus-tee.html; Zugriff am 24.10.14

[13] Vgl. Zhou, H., Dye-sensitized solar cells using 20 natural dyes as sensitizers, in: Journal of Photochemistry and Photobiology. A: Chemistry 219 (2011), S. 188–194

[14] Vgl. Scharf, R., Effiziente Festkörper-Grätzelzelle, in: http://www.pro-physik.de/details/news/2059767/Effiziente_Festkoerper-Graetzelzelle.html; Zugriff vom 01.11.14

4. Bionische Grundlage und Anwendungsbereiche farbstoffsensibilisierter Solarzellen

4.1 Verfahrensbionik

Obwohl der Begriff „Bionik" gerne als Kofferwort aus *Bio*logie und Tech*nik* gesehen wird, geht er wohl „auf das Wort «bionics» zurück, das der amerikanische Luftwaffenmajor John E. Steele Ende der 60er Jahre auf einem Kongress geprägt hat."[15]

„Bionik ist wie folgt definiert: Bionik verbindet in interdisziplinärer Zusammenarbeit Biologie und Technik mit dem Ziel, durch Abstraktion, Übertragung und Anwendung von Erkenntnissen, die an biologischen Vorbildern gewonnen werden, technische Fragestellungen zu lösen [...]. Biologische Vorbilder im Sinne dieser Definition sind biologische Prozesse, Materialien, Strukturen, Funktionen, Organismen und Erfolgsprinzipien sowie der Prozess der Evolution."[16]

Die vorliegende bionische Umsetzung der Photosynthese ist eine Anwendung der Verfahrensbionik, in der „nicht nur natürliche Konstruktionen"[17] übertragen werden, „sondern [...] auch Verfahren, mit denen die Natur Vorgänge und Umsätze steuert."[18] Im Folgenden soll das der FSZ zugrunde liegende Prinzip der Photosynthese erläutert und die bionische Übertragung charakterisiert werden.

4.2 Photosynthese

Die Photosynthese ist einer der wichtigsten biologischen Prozesse. Der Aufbau energiereicher Stoffe aus energiearmen Ausgangstoffen mithilfe der von der Sonne zur Verfügung gestellten Lichtenergie stellt die Lebensgrundlage der Pflanzen und einiger Algen- und Bakterien-gruppen, die sich photoautotroph versorgen, dar. Als Produzenten sind diese Photoauto-trophen als Bau- und Energiestofflieferanten signifikant wichtig für die Erhaltung ganzer Ökosysteme. Die Entstehung von Sauerstoff und der Verbrauch des Kohlenstoffdioxids, die aus der Gesamtgleichung $6\,CO_2 + 12\,H_2O \xrightarrow{\Delta E\ Solar} C_6H_{12}O_6 + 6O_2 + 6H_2O$ zu ersehen sind, zeigt auch die Relevanz für den Menschen als heterotrophen Organismus und seinen Bemühungen im Umweltschutz, insbesondere im Hinblick auf die Erhaltung der Wälder.

---

[15] Nachtigall, W., Bionik. Lernen von der Natur, München 2008, S. 7

[16] BIOKON Bionik-Kompetenznetz (Hg.), Faszination Bionik, in: http://www.biokon.de/bionik/was-ist-bionik; Zugriff vom 19. 07. 2014

[17] Nachtigall, Lernen von der Natur, S. 37

[18] Ebd.

4.2.1 Überblick über den Ablauf der lichtabhängigen Reaktion der Photosynthese

Die Photosynthese lässt sich in einen lichtabhängigen und einen lichtunabhängigen Teil unterteilen. Die Gleichung des lichtabhängigen Prozesses lautet:

$$12\ H_2O + 12\ NADP^+ + 18\ ADP + 18\ P \rightarrow 6\ O_2 + 12\ NADPH/H^+ + 18\ ATP.$$

Um die Prozesse hinter dieser Gleichung genauer zu verstehen, ist das Zusammenspiel der in der Thylakoidmembran befindlichen Lichtsammelkomplexe, Photosysteme, Redoxsysteme, Membranproteine und Enzyme zu betrachten, welche in Abb. 07 verdeutlicht sind.

Vorrangig soll der lichtabhängige Teil der Photosynthese erläutert werden, jedoch soll an dieser Stelle auch kurz die Weiterverarbeitung der in der Lichtreaktion dargestellten Stoffe betrachtet werden, um so die Entstehung des Energiespeicherstoffes Glucose zu klären.

Um über eine größere Fläche Energie aufzufangen und diese an einem zentralen Punkt, dem Reaktionszentrum, zu nutzen, befinden sich in der Thylakoidmembran der grünen Pflanzen Lichtsammelkomplexe aus dem blaugrünen Chlorophyll a und weiteren akzessorischen Pigmenten (Chlorophyll b, β-Carotin, Xanthophylle)[19]. Die eingesetzten Pigmente unterscheiden sich nach Art und Standort der Pflanze bzw. des Bakteriums stark. Sie stellen wohl den wichtigsten Faktor bei der Anpassung an unterschiedliche Spektren dar.[20]

Trifft Licht, also elektromagnetische Energie, auf ein Molekül regt es dessen Elektronen an. In den häufigsten Fällen, also der Anregung einer lichtabsorbierenden Verbindung, kehrt das Elektron einfach wieder in den Grundzustand zurück und gibt die Anregungsenergie in Form von Wärme oder anderer Energiearten frei. Findet sich jedoch ein passender Elektronenakzeptor in der Nähe, kann das Elektron vom angeregten Molekül auf den Akzeptor übertragen werden. Das ursprünglich angeregte Molekül erhält eine positive Teilladung; der Akzeptor ist durch die Aufnahme der Elektronen negativ geladen. Diese photoinduzierte Ladungstrennung findet auch in den Lichtsammelkomplexen der Photosysteme (siehe auch Abb.07) statt und bewirkt, dass einfallende Lichtenergie durch die Anordnung der Moleküle in Richtung des Reaktionszentrums gebündelt weitergegeben wird.

Vom Photosystem II (PS II) werden zwei Elektronen nach einer derartigen Anregung des Chlorophyll-a-Moleküls P_{680}, dem Reaktionszentrum, über mehrere Redoxsysteme, die zwischen den beiden Photosystemen PS II und PS I liegen, weitergegeben. Das durch die Weitergabe positiv geladene und dadurch zum starken Oxidationsmittel[21] gewordene P_{680}

---

[19] Vgl. Scheer, H., Pigmente und Antennenkomplexe, in: D. Häder (Hg.), Photosynthese, Stuttgart 1999, S. 68

[20] Vgl. Ebd.

[21] Vgl. Heldt, W., Pflanzenbiochemie, Heidelberg 2003³, S. 87

erreicht seinen Grundzustand durch die Fotolyse des Wassers ($2H_2O \rightarrow 4H^+ \mid O_2 \mid 4e^-$). Dies ist eine Redoxreaktion in der Wasser aufgespalten wird und durch die die Elektronenlücke am P_{680} „gefüllt" werden kann.

Eines der Redoxsysteme zwischen den beiden Photosystemen ist der Cytochrom-b_6f-Komplex. Dieser ist erwähnenswert, da er angetrieben von den zwei Elektronen, als Protonenpumpe fungiert, Wasserstoffkationen (H^+) vom Stroma in das Lumen „pumpt" und dadurch einen für die ATP-Synthase essenziellen Protonengradienten aufbaut.

Die Elektronen in der Elektronentransportkette, die vom PS II zum PS I führt, treten in das PS I ein. Hier führt wiederum die lichtinduzierte Anregung des Reaktionszentrums P_{700} zur Freisetzung zweier Elektronen. Diese werden auf das starke Reduktionsmittel Ferredoxin übertragen. Durch die Ferredoxin-NADP$^+$-Reduktase wird die NADPH-Bildung katalysiert. Die Elektronenlücke wird hier von den Elektronen aus dem ersten Anregungsschritt im PS II gefüllt.

Die Bestrebung der Wasserstoffkationen, die durch den Protonengradienten entstandene pH-Differenz auszugleichen, induziert eine protonmotorische Kraft[22], die das Enzym ATP-Synthase antreibt, welches die Bindung eines Phosphat-Atoms an Adenosindiphosphat (ADP) zum energiereicheren Adenosintriphosphat (ATP) katalysiert.

Die in der Lichtreaktion erzeugten Stoffe ATP und NADPH werden in der lichtunabhängigen Reaktion im Calvin-Zyklus verwendet, um CO_2 in Hexosen, wie den Zucker Glucose und andere organische Verbindungen zu verwandeln.

4.2.2 Übertragung der Prinzipien der Photosynthese auf farbstoffsensibilisierte Solarzellen

Die Technologie der Zelle basiert auf der Idee die natürliche Photosynthese als Vorbild für Solartechnologieprodukte zu nehmen. In einem für die Deutsche Welle produzierten Film sagt Michael Grätzel er habe Naturwissenschaften studiert, um die Vorgänge in der Natur besser verstehen und vielleicht auch nachahmen zu können[23].

Die Photosynthese ist ein komplexer biochemischer Vorgang, der eine ganze Reihe von Mechanismen kombiniert. Hierbei können „einzelne Mechanismen selbst oder [...] das

---

[22] Vgl. Junge, W., ATP-Synthese (Photophosphorylierung), in: D. Häder (Hg.), Photosynthese, Stuttgart 1999, S. 135

[23] Vgl. Deutsche Welle, 2012, Projekt Zukunft. Wie die Natur - das Geheimnis der Grätzel-Zelle, [Video], in: http://tv-download.dw.de/Events/mp4/pz/pzwtde2712-projektzuk01ep_graetzel_sd_dwdownload.mp4, Zugriff vom 23.08.14

kettenförmige Zusammenwirken solcher Mechanismen"[24] von bionischem Interesse sein. Auf jeden Fall hat die Natur im Bereich der Umwandlung solarer Energie eine Vorbildrolle, da die technische Umsetzung von dem Optimierungspotenzial der Evolutionsprozesse profitiert. So entstand die Photosynthese vermutlich vor Jahrmillionen, als die Plattendrift Mikroben von der lichtlosen Tiefsee näher an die Oberfläche beförderte und UV-absorbierende, manganhaltige Mineralien mit wasserspaltender Funktion in die Mikroben eingebaut wurden.[25]

Für eine technische Umsetzung gibt es verschiedene Ansatzpunkte, welche neben der Erzeugung von Strom aus Licht auch die lichtinduzierte Spaltung von Wasser beinhalten.

Doch inwieweit sind photosynthetische Systeme übertragbar? Primär stellt sich hier das Problem der Materialwahl. „Biologische Membranen enthalten Bestandteile, die nur in Organismen stabil gehalten werden können"[26], wodurch es nötig wird „Halbleiter und Metalle als Materialien"[27] einzusetzen. Dadurch können die in der Natur eingesetzten Materialien und Strukturen nicht eins zu eins übernommen oder das Prinzip unverändert kopiert werden. Es werden Abstraktionsprozesse, die einen großen Teil der Bionik charakterisieren, nötig. Eine Halbleiterschicht bietet jedoch im Vergleich zur Phosphorlipid-Membran der Zellen den Vorteil, dass der Ladungstransfer durch die höhere Stabilität des anorganischen Oxids schneller anlaufen kann.[28]

Um vom Vorbild in der Natur zum fertigen Produkt zu kommen, kennt die Bionik zwei prinzipielle Wege:

In der auf Analogien gestützten Bionik wird für ein Problem eine passende Lösung der Natur gesucht und diese analysiert und übertragen. Dieser sogenannte top-down-Prozess wird oftmals bei der Optimierung existierender Produkte eingesetzt.

Bei bottom-up-Prozessen steht die biologische Grundlagenforschung an erster Stelle, die das zugrunde liegende Prinzip beschreibt, ohne vorerst ein gewünschtes oder zu optimierendes Produkt zu haben. Die Abstraktion des erkannten Prinzips und dessen Umsetzung in die

---

[24] Nachtigall, W., Bionik. Grundlagen und Beispiele für Ingenieure und Naturwissenschaftler, o.O. 1998, S. 227

[25] Vgl. Russel, M., Urzeugung in der Tiefsee, in: Spektrum der Wissenschaft Dossier. Von der Urzeugung zum künstlichen Leben 3/10 (2010), S. 37

[26] Nachtigall, Grundlagen für Ingenieure, S. 230

[27] Ebd.

[28] Vgl. Grätzel, M., Solar Energy Conversion by Dye-Sensitized Photovoltaic Cells, in: Inorganic Chemistry Vol. 44 (2005), S. 6844

Technik, führt schlussendlich zur Anwendung. Ein derartiger bottom-up-Prozess liegt bei der FSZ vor.

Die Entdeckung in der Photosynthese, dass ein „durch Licht angeregtes Chlorophyll, also ein angeregtes Farbstoffmolekül, Elektronen in einen geeigneten Leiter in der Membran – hier die Elektronentransfer-Proteinkette – injiziert"[29] wurde in der Grundlagenforschung beschrieben. Dabei pumpt das „an die Membran angekoppelte Farbstoffmolekül [...] unter Nutzung von Lichtenergie Elektronen von niedrigen energetischen Zuständen zu höheren."[30]

Die Abstraktion beinhaltet, dass „das elektronenaufnehmende Material keine Elektronentransfer-Proteinkette, sondern ein Halbleiter mit so großer Energielücke [ist], daß er selbst sichtbares Licht nicht absorbiert"[31] (siehe auch Abb.05). Dieser Halbleiter ist jedoch, wie in Kapitel 3 beschrieben, durch einen Farbstoff sensibilisiert, wodurch „Elektronen angeregt und in das Leitungsband des Halbleiters injiziert [werden], so daß auf diese Weise Photoströme auftreten".[32] „Anstatt elektronische Ladungsträger durch eine Membran zu trennen, werden sie im bestehenden elektrischen Feld von einer [mithilfe des Farbstoffes] lichtempfindlichen Halbleiteranode zu einer metallischen Kathode transportiert."[33]

Die Elektronenlücke wird statt mit den Elektronen der Wasserfotolyse von „[e]lektronen-übertragende[n] Molekülen im Redox-Elektrolyten"[34] gefüllt.

Betrachtet man dieses Prinzip in Abb. 08, die den Vorgang in der FSZ dem natürlichen Prozess gegenüberstellt, fällt auf, dass das „Prinzip dieser Sensibilisierungs-Solarzelle [...] dem Mechanismus der primären Solarenergie-Umwandlung in der Photosynthese über Chlorophyll sehr nahe"[35] kommt. Helmut Tributsch, der auch schon sehr früh an der Übertragung der Sensibilisierung arbeitete, merkt jedoch an, dass, würde man die Elektronentransferstrukturen konsequent berücksichtigen, ein vereinfachtes bionisches Modell aus einem Kompositmaterial aus lichtabsorbierenden und elektronenabsorbierenden Komponenten bestehen würde.[36] Auch wurde mithilfe eines sich selbstassemblierenden

---

[29] Nachtigall, Grundlagen für Ingenieure, S. 228

[30] Ebd.

[31] Nachtigall, Grundlagen für Ingenieure, S. 231

[32] Ebd.

[33] Nachtigall, Grundlagen für Ingenieure, S. 230

[34] Ebd.

[35] Nachtigall, Grundlagen für Ingenieure, S. 231

[36] Vgl. Tributsch, H., Bionik solarer Energiesysteme als Orientierungshilfe für Forschung und Technologie-entwicklung, in: FVS Themenheft (2000), S. 128f

Farbstoffes versucht die Struktur der Lichtsammelkomplexe nachzubilden, um somit näher an der biologischen Vorlage zu bleiben.[37]

4.3 Anwendungsbereiche farbstoffsensibilisierter Zellen

Ziel einer bionischen Abstraktion ist ein Produkt. Die Anwendungsbereiche der FSZ entsprechen in etwa denen traditioneller Si-Zellen. Sie reichen von der Versorgung von kleinen, elektronischen Geräten bis hin zu großflächigen Modulen.

Besonders nach dem Auslaufen mehrerer grundlegender Patente im Jahr 2008 stiegen mehr und mehr Firmen in den Markt mit FSZ ein.[38] Dyesol, Solaronix und Merck haben sich als Ausstatter und Zulieferer positioniert, während Firmen wie G24 Innovations, Sony und auch Solaronix Anwendungen und Zellen produzieren.

FSZ können in elektronischen Kleingeräten zur Energieversorgung genutzt werden. Die Zellen der Firma G24 Innovations versorgten als erstes kommerzielles Produkt die iPad-Tastatur „Logitech Solar Keyboard Folio" der Firma Logitech samt eingebauten Bluetooth-Sender mit Energie.[39, 40] Die Zellen wurden auch zur Versorgung von Rauchmeldern[41] eingesetzt. Auch der Einsatz in anderen Kleingeräten wie z.B. Taschenrechnern wäre möglich. Sony stellt mit der solarbetriebenen Laterne namens „Hana Akari" (Abb.09) eine Anwendung vor, die Technologie und Design vereint, indem die Zellen den Lampenschirm bilden.[42]

Ein bekannter Ansatz zur autarken Energieversorgung von Gebäuden ist die gebäude-integrierte Photovoltaik (GiPV). Darunter versteht man die Integration von Solarzellen in die Gebäudefassade (z.B. Abb. 10). Farbstoffsolarzellen eignen sich dafür besonders, da sie opak und transparent in unterschiedlichen Farben hergestellt werden können. Die Westfassade des

---

[37] Vgl. Marek, L., Biomimetic Dye Aggregate Solar Cells. Dissertation, Darmstadt 2012, S.6f.

[38] Vgl. Grätzel, M., Der Natur abgeschaut: Die Farbstoffsolarzelle, in: http://www.science-blog.at/2012/10/der-natur-abgeschaut-die-farbstoffsolarzelle/; Zugriff vom 26.10.14

[39] Vgl. G24 Power (Hg.), Wireless Solar Keyboard, in: http://gcell.com/case-studies/wireless-solar-keyboard; Zugriff vom 15.10.14

[40] Vgl. Logitech (Hg.), Logitech Solar Keyboard Folio, in: http://www.logitech.com/de-de/product/solar-keyboard-folio; Zugriff vom 15.10.14

[41] Vgl. G24 Power (Hg.), Solar Smoke Detectors, in: http://gcell.com/applications/solar-smoke-detectors; Zugriff vom 26.10.14

[42] Vgl. Sony (Hg.), Research and Development on the Dye-Sensitized Solar Cell Taking Full Advantage of the Characteristics of the Materials and Aiming to Open New Markets, in: http://www.sony.net/Products/SC-HP/cx_news/vol56/pdf/sideview56.pdf; Zugriff vom 15.10.14, S. 3

am 02. April 2014 eingeweihten „SwissTech Convention Centers" auf dem Campus der EPFL ist mit Farbstoffsolarmodulen der Firma Solaronix ausgestattet.[43]

Solaronix vereinbarte auch in einer Kooperation mit dem Glashersteller Pilkington Solarfenster herzustellen.[44] Die Abb. 11 zeigt mit einem Solarfenster des „Human Resource Development Centre of the Seoul City Government" in Südkorea eine weitere Anwendung der GiPV.

5. Farbstoffsensibilisierte Solarzellen im Vergleich zu Solarzellen auf Silicium-Basis

Betrachtet man die Daten zur Stromversorgung in der Bundesrepublik Deutschland, leistet die Photovoltaik im Bereich der erneuerbaren Energien relevante Beiträge.[45]

In der Photovoltaik sind momentan vor allem auf Silicium basierende Solarzellen im Einsatz. In diesem Kapitel werden die Vor- und Nachteile der Siliciumtechnik im Vergleich zu FSZ unter verschiedenen Aspekten diskutiert.

a) Anspruch an die Reinheit der Materialien im Fertigungsprozess

Silicium ist nach Sauerstoff das zweithäufigste Element auf der Erde. Allein die Erdkruste enthält 27,2 Gewichtsprozent Silicium.[46] Jedoch kommt es dort meist in mineralischer Form oder als Siliciumdioxid vor.

Zur Herstellung von Solarzellen auf Silicium-Basis wird dieses jedoch in Reinform benötigt. Dazu wird das Silicium in mehreren Reinigungsschritten soweit aufgereinigt, dass es als Solarsilicium genutzt werden kann. Dies erfordert eine Reinheit über 99,999%.[47]

Diese durch aufwendige und energiereiche Prozesse gewonnene hohe Reinheit ist besonders wichtig, um elektrische Verluste durch Rekombination an Störstellen einzudämmen. Durch evtl. Fremdatome entstehen zusätzliche „Stufen" in der Verbotenen Zone, die das Abfallen

---

[43] Vgl. Solaronix (Hg.), Inauguration of the Swiss Tech Convention Center, in:

http://www.solaronix.com/news/inauguration-of-the-swisstech-convention-center/; Zugriff vom 15.10.14

[44] Vgl. Kupferschmidt, K., Mit der Sporttasche das Handy aufladen, in: Stuttgarter Zeitung vom 16.06.10, S.18

[45] Vgl. Wirth, H., Aktuelle Fakten zur Photovoltaik in Deutschland, in:

http://www.ise.fraunhofer.de/de/veroeffentlichungen/veroeffentlichungen-pdf-dateien/studien-und-konzeptpapiere/aktuelle-fakten-zur-photovoltaik-in-deutschland.pdf; Zugriff vom 13. 07. 2014, S. 5

[46] Vgl. Riedel, E./Janiak, E., Anorganische Chemie, Berlin 2007[7], S. 377

[47] Vgl. Mertens, S. 113ff.

von Atomen von Leitungs- ins Valenzband erleichtern.[48] Abb. 12 zeigt das Prinzip der Störstellen-Rekombination am Beispiel von Schwefel- und Eisenatomen.

Solch hohe Reinheit wird bei farbstoffsensibilisierten Solarzellen aufgrund des unterschiedlichen Prinzips nicht benötigt. Da Ladungstrennung und Ladungstransport getrennt ablaufen, benötigt der Elektronenleiter nur eine geringe elektronische Materialqualität. So können einfache funktionierende Modelle ohne Reinraumbedingungen hergestellt werden. Nur für höhere Wirkungsgrade und Effizienz muss der Farbstoff der FSZ gereinigt werden, was zusätzliche Kosten verursacht. Im Falle der Rekordeffizienzzellen (siehe Abschnitt c), kann von einer chemischen Reinheit des Farbstoffes ausgegangen werden. Im Normalfall kosten FSZ ungefähr die Hälfte von Si-Zellen.

Energieaufwendige Teilschritte in der Aufreinigung des Siliciums mit Temperaturen bis zu 1800°C treiben die Kosten für die Produktion hoch. Außerdem muss gereinigtes Silicium unter Reinraumbedingungen weiterverarbeitet werden.

Die Energierücklaufzeiten einer monokristallinen Si-Zelle beträgt dadurch in Deutschland rund 55 Monate[49] im Vergleich zu FSZ mit Amortisationszeiten von 29,8 Monaten bis bestenfalls 17 Monaten bei Installation in Südeuropa[50].

b) Umweltwirkung

In industriellen FSZ werden momentan auf dem Platinmetall Ruthenium basierende Farbstoffe eingesetzt. „Ruthenium hat – wie die anderen Platinmetalle auch – in doppelter Hinsicht eine hohe Umweltrelevanz. Zum einen führt ihr Einsatz häufig zur Verbesserung der Energieeffizienz eines Produktes [...]. Viele Prozesse wären ohne Platinmetalle gar nicht möglich. Im Fall der Farbstoffsolarzelle soll unter anderem eine verbesserte Energieamortisationszeit erreicht werden. Zum anderen erfordert die bergbauliche Gewinnung aus rohstoffarmen, meist schwefelhaltigen Erzen sowie die aufwändigen Aufbereitungsprozesse einen hohen Ressourcenverbrauch und die damit verbundenen hohen Mengen an Emissionen und Abfällen. [...] In der Farbstoffsolarzelle dient der auf Ruthenium basierende Farbstoffkomplex zur Lichtabsorption, ist also einer der wichtigsten Bestandteile überhaupt. Eine Solarzelle erzeugt Strom ohne jeglichen Einsatz von Brennstoffen und damit verbundenen Emissionen von Abgasen oder Erzeugung von Abfällen. Negative

---

[48] Vgl. Mertens, S. 85

[49] Vgl. Fraunhofer-Institut für Arbeitswirtschaft und Organisation (Hg.), Umweltwirkungsbewertung, in: http://www.colorsol.de/de/umwelt.html; Zugriff am 15.10.14

[50] Vgl. Ebd.

Umweltwirkungen können sich daher nur auf vor- oder nachgelagerten Stufen des Lebenszyklus der Farbstoffsolarzelle ergeben, also bei den Rohstoffbereitstellungen, der Produktion oder dem Recycling. [...] [Es] zeigt sich, dass der hohe Aufwand für die Rutheniumbereitstellung durch die insgesamt nur geringen eingesetzten Mengen relativiert wird [...]. Dasselbe gilt für Platin, das auch ein wichtiger Bestandteil der Farbstoffsolarzelle ist. Innerhalb der Farbstoffsolarzelle hat das Glas aufgrund der benötigten hohen Masse die höchste Ressourcenrelevanz [...]." [51] Im Gegensatz zu den Platinmetallen Platin und Ruthenium ist Silicium leichter zugänglicher und häufiger in der Erdkruste gelagert. Von Silicium ist keine toxische Wirkung auf den Menschen bekannt.

Manche Ruthenium-Verbindungen hingegen wirken mutagen. Die von Colorsol durchgeführte Studie besagt jedoch, dass „vom Rohstoff Ruthenium und vom Farbstoff N-3 keine gesundheitlichen oder sicherheitstechnischen Risiken ausgehen. Vor allem erbgut-schädigende Langzeiteffekte des Farbstoffes können [...] ausgeschlossen werden [...]."[52]

c) Wirkungsgrad

Der Wirkungsgrad ist ein gutes Kriterium um Solarzellen in ihrer Effizienz zu vergleichen. Hierbei wird betrachtet wie viel Prozent der einstrahlenden Energie von der jeweiligen Zelle in elektrische Energie umgewandelt wird.

Der Wirkungsgrad günstiger, kommerzieller Si-Zellen liegt zwischen 14% und 17%. Im Labor sind mit Si-Technologie bis zu 24%[53] zu erreichen. Mit farbstoffsensibilisierten Zellen sind im Labor bis zu 14,1%[54] zu erreichen. Somit sind die Wirkungsgrade dieser Solarzellen kleiner als bei Si-Zellen, jedoch spricht man bei Zellen mit Wirkungsgraden über 10% von aus kommerzieller Sicht nutzbaren Technologien.

Im Bereich der alternativen Solarzellen (diverse organische Zellen, anorganische Zellen, Quantenpunktzellen und FSZ) bilden die FSZ die Spitzengruppe.[55]

---

[51] Lutz, A. (u.a.), BMBF-Forschungsprojekt ColorSol®, Umweltwirkungen der Farbstoffsolarzelle - Analyse des Ruthenium-Vorkommens und Bewertung des Ruthenium-Farbstoffs, o.O. 2007, S. 46 f

[52] Ebd.

[53] Vgl. U. S. Department of Energy (Hg.), Basic Research Needs for Solar Energy Utilization, in: http://science.energy.gov/~/media/bes/pdf/reports/files/seu_rpt.pdf; Zugriff vom 21.10.14, S.18

[54] Vgl. Ullrich, S., Effizienzrekord mit Farbstoffzellen, in: http://www.photovoltaik.eu/Effizienzrekord-mit-Farbstoffzellen,QUlEPTU0MzM3NyZNSUQ9MzAwMjE.html; Zugriff vom 20.08.14

[55] Vgl. Mertens, S. 147

d) Eigenschaften unter schlechten Lichtbedingungen

Vergleicht man Si-Solarzellen und FSZ unter schlechten Lichtbedingungen, fällt auf, dass FSZ 15% mehr Elektrizität erzeugen als Si-Zellen. So eignen sich FSZ besser für den Einsatz bei diffusem Licht, bei schwachen Lichtquellen und während des Sonnenauf- und Untergangs.[56] Abb. 13 vergleicht die Leistungsdichte von FSZ, Zellen aus amorphen Silicium und organischen Zellen bei kleinen Beleuchtungsstärken.

Das bessere Abschneiden der FSZ folgt daraus, dass das freigewordene Elektron in der FSZ direkt in die Titandioxidschicht injiziert wird. Dies unterscheidet sich von dem Prozess in traditionellen Si-Zellen, in denen die Prozesse der Ladungstrennung und des Ladungstransports beide im Silicium verlaufen. Außerdem haben FSZ eine höhere spektrale Empfindlichkeit, was sich auf die Effizienz der Zelle auswirkt.[57]

e) Langzeitstabilität

Die Langzeitstabilität war lange Zeit neben des zunächst geringen Wirkungsgrades eines der größten Probleme der FSZ. Nach und nach konnte diese jedoch zum Beispiel durch Zusetzen von MgI_2 zum Elektrolyten verbessert werden.

Die thermische Belastbarkeit scheint einer der kritischsten Faktoren für die langfristige Stabilität der FSZ zu sein und ist stark von der chemischen Zusammensetzung der Elektrolyt-Lösung und weiteren Zusätzen abhängig.[58]

f) Gestaltung

„Die als Prototypen entwickelten Module [der FSZ] sind zunächst bernsteinfarben transparent. Diese Farbe kann dann durch Filter variiert werden. Farbige Pasten heben das Muster der Versiegelungsstruktur hervor oder lassen die Oberfläche einheitlich erscheinen. Durch Bedrucken mit streuenden Schichten können innerhalb der Module beliebige Bilder

---

[56] Vgl. Kim, H., A Study of the Photo-Electric Efficiency of Dye-Sensitized Solar Cells Under Lower Light Intensity, in: Journal of Electrical Engineering & Technology Februar 2007 (2007), S.513-517

[57] Vgl. Sridhar, N., A study of dye sensitized solar cells under indoor and low level outdoor lightning: Comparison to organic and inorganic thin film solar cells and methods to adress maximum power point tracking, in: http://www.solarprint.ie/uploads/documents/a_study_of_dssc_under_indoor_low_level_light_texas_instruments.pdf; Zugriff vom 15.10.14, S.1

[58] Vgl. Hinsch, A., Long-term stability of dye-sensitised solar cells, in: Progress in Photovoltaics: Research and Applications Nov. /Dez. 2001 (2001), S. 425-438

und Schriftzüge ohne nennenswerten elektrischen Leistungsverlust gestaltet werden.“[59] So können FSZ sowohl transparent wie beim „SwissTech Convention Center“ (Abb.10) als auch opak wie beim Solarfenster in Seoul (Abb. 11) gestaltet werden, wodurch sie sich vor allem für die GiPV eignen. Die Möglichkeit Motive darzustellen ist bei der Lampe „Hana Akari“ (Abb. 09) zu beobachten. Durch diese vielfältigen Gestaltungsmöglichkeiten ergeben sich Potentiale in der GiPV und dem Einsatz der Zellen als Werbeflächen.

---

[59] Frauenhofer ISE (Hg.), Flyer Farbstoffsolarzellen und Module, in:
http://www.ise.fraunhofer.de/de/veroeffentlichungen/veroeffentlichungen-pdf-dateien/infomaterial/broschueren-und-produktinformationen/geschaeftsfelder/flyer-farbstoffsolarzellen-und-module.pdf; Zugriff vom 01.11.14, S.2

6. Ausblick in die Zukunft

Durch die kostengünstigen Materialien und einfachen Herstellungsschritte birgt die farbstoffsensibilisierte Solarzelle großes Potential besonders auch für Entwicklungsländer. Wie im Kapitel 5 zu erkennen ist, bestehen neben den Vorteilen der FSZ jedoch immer noch einige Nachteile, wie die schlechte Langzeitstabilität und der verglichen mit Si-Zellen geringerer Wirkungsgrad. Auf die Behebung dieser Probleme richtet sich auch verstärkt das Forschungsinteresse. So werden neben metall-organischen Farbstoffen verstärkt rein organische Farbstoffe getestet, da man von diesen bessere Umweltwirkung und Wirkungsgrade erwartet. Auch die Aufskalierung der Zelle zu Modulen mit 60 cm x 100 cm Fläche und deren industrielle Herstellung liegen im Fokus. Das Frauenhofer-Institut für Solare Energiesysteme hält dazu in ihrem Jahresbericht 2012 folgendes fest: „Darüber hinaus konnten wir zeigen, dass frühere Resultate von 10 cm x 10 cm großen Modulen auch für die aufskalierten 60 cm x 100 cm großen Module erreichbar sind."[60] Die Integration der Zellen in die Gebäudehülle des „SwissTech Convention Centers" auf dem Gelände der EPFL (siehe Abb. 10) ist ein Beispiel für eine erfolgreiche Aufskalierung, die besonders im Bereich der GiPV entscheidend ist.

Festzuhalten ist, dass sich die Solarbranche lange teils zu Unrecht stark auf Siliciumzellen fokussiert hat. Ob die FSZ das Potenzial hat, der Siliciumtechnologie den Rang abzulaufen, hängt vor allem mit dem Überkommen dieser Probleme zusammen. Hier bringt die Weiterentwicklung der FSZ Hoffnung.

Betrachtet man Diagramme mit Wirkungsgraden verschiedener Zellen (Abb. 14) sticht eine Kurve besonders hervor. Neben den Si-Zellen, bei denen man kontinuierliche aber langsame Steigerungen beobachten kann, entwickeln sich die Wirkungsgrade der erst 2009 eingeführten Perowskitzellen rasant. So meldeten kalifornische Forscher im April 2014 einen neuen Wirkungsgradrekord von knapp unter 20 Prozent.[61] Der Fortschritt besteht darin, dass in der FSZ der Farbstoff nicht jedes Photon absorbierte, aber in den Perowskitzellen einfallendes Licht nun von den Perowskit-Kristallen besser und flächendeckender absorbiert wird. Diese geben Elektronen an einen TiO_2-Halbleiter ab; die positiven Ladungen werden in entgegengesetzter Richtung über einen Lochleiter transportiert. Michael Grätzel hatte die

---

[60] Frauenhofer ISE (Hg.), Jahresbericht 2012, in:

http://www.ise.fraunhofer.de/de/veroeffentlichungen/veroeffentlichungen-pdf-dateien/infomaterial/jahresberichte/fraunhofer-ise-jahresbericht-2012.pdf; Zugriff vom 27.10.14, S.106

[61] Vgl. Service, R., Senkrechtstarter bei Solarzellen, in: Spektrum der Wissenschaft. Die Uhr in uns Oktober 2014 (2014), S.16-19

Möglichkeit des Einsatzes von Perowskiten schon in der Patentschrift zur Anmeldung der FSZ berücksichtigt.[62] So ist auch sein Team an der EPFL an der Entwicklung der Perowskit-Zellen beteiligt.

Jedoch haben auch diese alternativen Solarzellen noch ein Problem mit der Langzeitstabilität. Außerdem wird das giftige Element Blei verwendet, die Aufskalierung trifft auf Probleme und die Zellen zersetzen sich an der Luft. Wird aber hier auch der gleiche Forschungsaufwand betrieben, mit dem auch die Entwicklung der Farbstoffsolarzellen- und Siliciumzellen-technologie vorangetrieben wurde, könnte man eine weitere zur Siliciumtechnik konkurrenzfähige Zelle entwickeln.

Die Weiterentwicklung der FSZ hat somit großes Potential Si-Zellen zu ersetzen oder als Tandemzellen mit ihnen zu fungieren, da die Zellen in unterschiedlichen Spektren absorbieren. Die Perowskitzelle ist jedoch nicht mehr so nah am bionischen Vorbild. Auch hier sieht man, „dass Bionik kein endgültiger Lösungsansatz sein muss und oft auch nicht sein kann. Bionik führt bis zu einem bestimmten Punkt. [...] Am Ende einer Entwicklungskette wird gerne vergessen, dass die Anregung letztlich [...] eine bionische war."[63]

---

[62] Vgl. Grätzel, M., Europäische Patentanmeldung; S.4

[63] Nachtigall, W., Bionik. Lernen von der Natur, München 2008, S.38

7. Anhang

Abbildung 01
Absorption und
Emission von
Lichtquanten

Modell zur

Emission (links) und Absorption (rechts) von elektromagnetischer Strahlung im Bohrschen Atommodell und im Bändermodell. Im Bohrschen Atommodell bedeutet Absorption und Emission einen Schalen-Wechsel der Valenzelektronen. Im Bändermodell beobachtet man einen Wechsel vom Leitungs- ins Valenzband und umgekehrt.

aus: Mertens, K., Photovoltaik, Fachbuchverlag Leipzig im Carl Hanser Verlag, 2013, S.59

Abbildung 02   Entstehung von Energiebändern

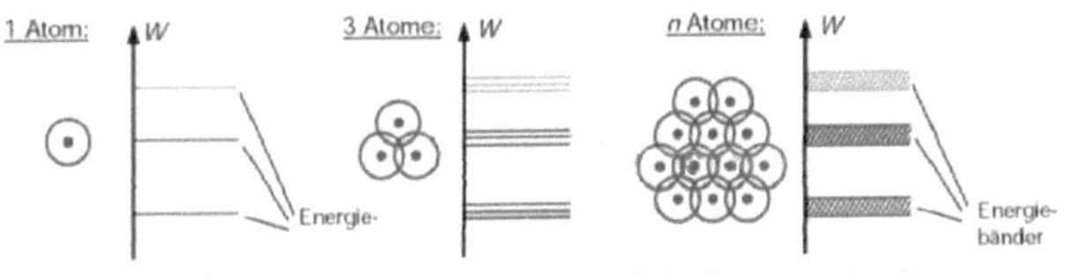

Ein einzelnes Atom besitzt diskrete Energieniveaus. Bringt man mehrere Atome in räumliche Nähe, führt dies zu gegenseitiger Kopplung von Atomen niveaus

untereinander. Für eine Anzahl von   n-Atomen entstehen so Energiebänder.

aus: Mertens, K.., Photovoltaik, Fachbuchverlag Leipzig im Carl Hanser Verlag, 2013, S.62

Abbildung 03   Halbleiter im Bändermodell

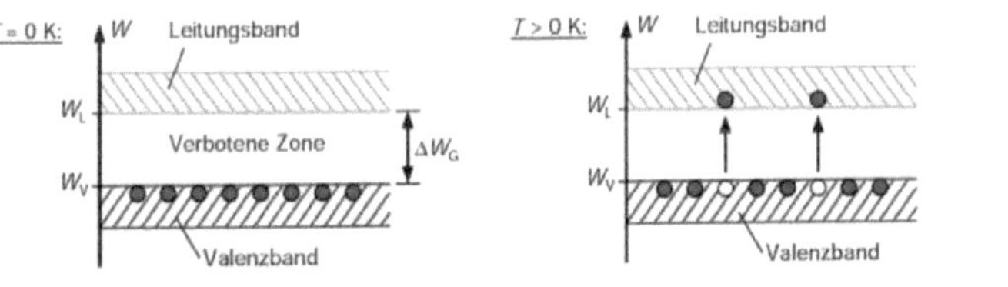

Die Abbildung zeigt das Bändermodell eines Silicium-Halbleiters. Am absoluten Nullpunkt (links) kann keine An-regung erfolgen. Alle

Elektronen befinden sich im Valenzband (W_V). Bei Anregung (rechts) werden Elektronen über die „Verbotene Zone" angehoben und ins Leitungsband (W_L) „gehoben". Die Anregungsenergie muss jedoch höher als ΔW_G sein. Die Leitfähigkeit des Kristalls erhöht sich.

aus: Mertens, K.., Photovoltaik, Fachbuchverlag Leipzig im Carl Hanser Verlag, 2013, S.63

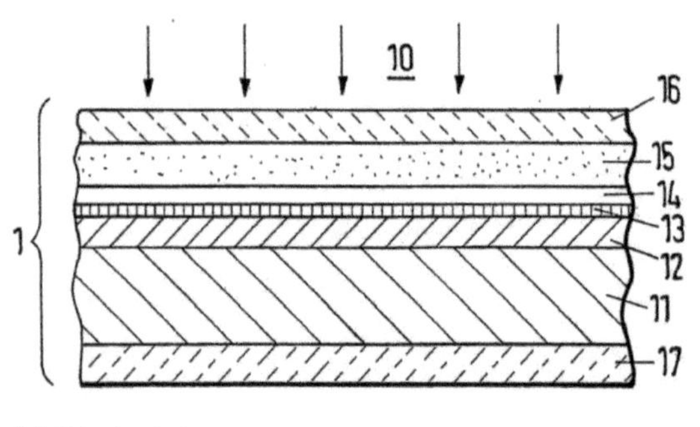

Die FSZ (1) besteht aus folgenden Komponenten:

(11) metallischer Träger

(12) Metalloxid Halbleiter-Schicht

(13) monomolekulare Schicht des Sensibilisators oder Dyes

(14) Elektrolytschicht

(15) Elektrode (TCO)

(16+17) isolierende Schicht

(10) einfallendes Licht

aus: Grätzel, M., Europäische Patentanmeldung. EP 0 333 641 A1, 1989; S. 2

Abbildung 05   Vergleich der Absorptionsspektren zweier Rutheniumfarbstoffe und TiO₂

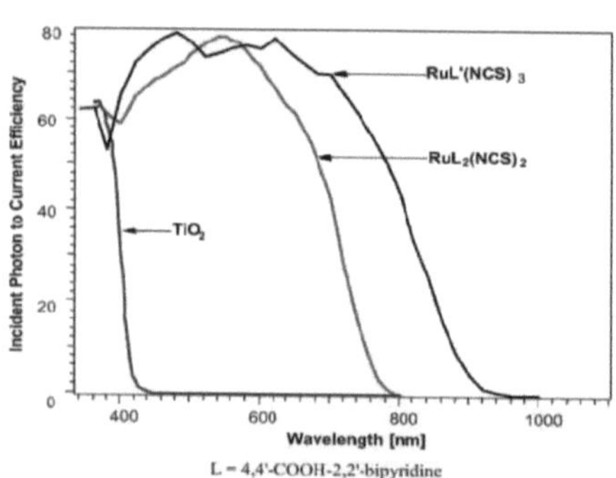

Der Rutheniumfarbstoff N-719 (rot) absorbiert über ein breiteres Spektrum als der Halbleiter TiO₂ ohne Sensibilisierung (blau).

aus: Polizzotti, A., Investigating New Materials and Architectures for Grätzel Cells, in: http://www.intechopen.com/books/third-generation-photovoltaics/investigating-new-materials-and-architectures-for-gr-tzel-cells; Zugriff vom 30.10.14

Abbildung 06   Effekte und Anregungswege in der FSZ

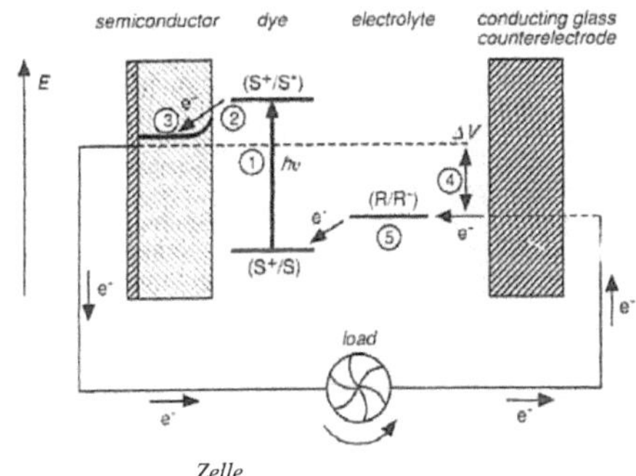

Schematische Repräsentation der Prinzipien in FSZ. Die Abbildung zeigt das Energielevel des Elektrons in versch. Phasen.

(1)   Anregung des Farbstoffes (S →S)*

(2)   Injektion des Elektrons in das Leitungsband des Halbleiters

(3)   Transport des Elektrons durch den Verbraucher. Dieser wird durch das Elektronengefälle (4) ausgelöst.

(4)   Die Energiedifferenz (4) repräsentiert die Spannung der Zelle.

(5)   Das Redoxpaar R/R⁻ wird an der Gegenelektrode (counterelectrode) reduziert und regeneriert durch die Abgabe eines Elektrons (Oxidation) den Farbstoff.

aus: Grätzel, M., A low-cost, high-efficiency solar cell based on dye-sensitized colloidal TiO_2 films, in: Nature Vol 353 (1991);   *S.738*

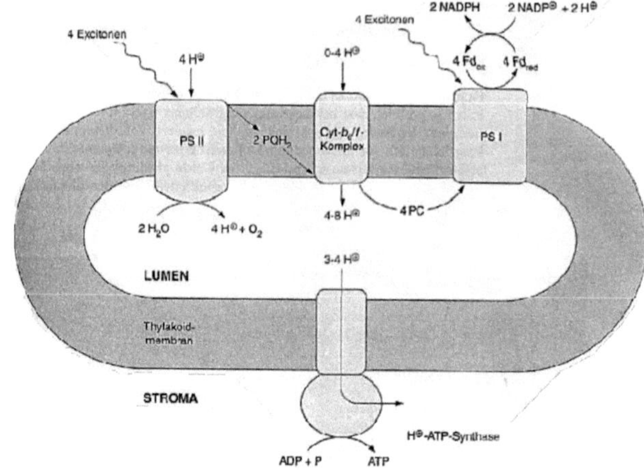

Die Abbildung zeigt die Vorgänge der primären, lichtabhänigen Photosynthese.

Diese sind detailliert dem Kapitel 4.2.1 zu entnehmen.

aus: Heldt, W., Pflanzenbiochemie, Heidelberg 2003[3], S. 89 (nachbearbeitet und ergänzt)

Abbildung 08   Prinzip der spektralen Sensibilisierung in photosynthetischen Membranen (links) und in der bionischen Umsetzung (rechts)

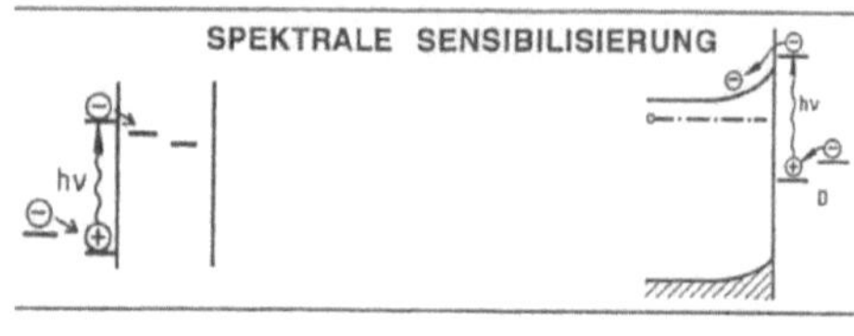

Die rechte Seite zeigt die Anregung des Farbstoffes (D) durch elektromagnetische Strahlung (h*v), die Abgabe des Elektrons in das Leitungsband des Halbleiters und die Regeneration des Farbstoffes durch Elektronen des Redoxsystems. Diese Effekte der spektralen Sensibilisierung beobachtet man auch in photosynthetischen Membranen (links). Hier regerentiert der wasserspaltende Enzymkomplex das Reaktionszentrum P_{680}, welches das Elektron in die Eletronen-Transport-Kette weitergegeben hat.

aus: Nachtigall, W., Bionik. Grundlagen und Beispiele für Ingenieure und Naturwissenschaftler, o.O. 1998, S. 229

Die Abb. zeigt die solarbetriebene Laterne Hana Akari von Sony. Die eigens entwickelten FSZ bilden die Lampenschirme und bieten Wirkungsgrade von 8,2%.

aus: pinktentacle, Photos: Good Design 2009, in: http://pinktentacle.com/2009/08/photos-good-design-2009/; Zugriff vom 31.10.14

Abbildung 10 Anwendungsbeispiel gebäudeintegrierter Photovoltaik (GiPV) SwissTech Convention Center

Installation von FSZ an der Westfassade des SwissTech Convention Centers in Lausanne, Schweiz. Das Anwendungsbeispiel zeigt das Potenzial der Zellen im Bereich der gebäudeintegrierten Photovoltaik. Besonders durch die Möglichkeit die Zellen farbig und durchsichtig zu gestalten eignen sie sich für die GiPV. (Sicht von innen)

aus: Bisquert, J., Dye solar cell façade at SwissTech convention center at EPFL, by Solaronix, in: http://juanbisquert.files.wordpress.com/2014/04/fig1.jpg; Zugriff vom 27.10.14

Abbildung 11 Anwendungsbeispiel GiPV Human Resource Development Centre Seoul

Integration von FSZ in die Fenster des Human Resource Development Centre in Seoul, Südkorea. Das Anwendungsbeispiel zeigt das Potenzial der Zellen im Bereich der gebäudeintegrierten Photovoltaik. Die Zellen sind opak ausgestaltet.

aus: Dyesol, in: DSC: A BEAUTIFUL FUTURE EMERGES IN KOREA, in: http://www.dyesol.com/posts/cat/corporate-news/post/dsc-a-beautiful-future-emerges-in-korea/; Zugriff vom 27.10.14

Abbildung 12   Störstellen-Rekombination von Elektronen-Loch-Paaren in einem Silicium-Kristall

Die Bandlücke des reinen Siliciums (a) beträgt 1,12eV. Die Energieniveaus der Fremdatome b) Schwefel und c) Eisen stellen „Stufen" dar, durch die die Rückkehr der Elektronen aus dem Leitungsband (W_L) ins Valenzband (W_V) wahrscheinlicher wird. Im Fall der Eisenstörstelle (c) muss das Elektron zuerst 0,5eV und dann 0,57eV überwinden statt auf einmal 1,12eV wie im reinen Siliciumkristall (a).

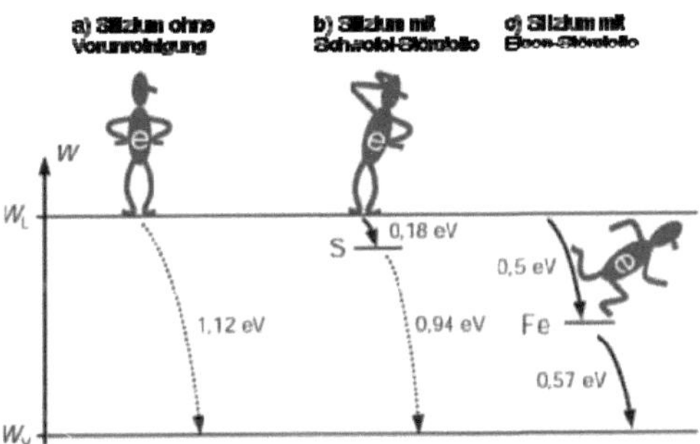

aus: K. Mertens, Photovoltaik, Fachbuchverlag Leipzig im Carl Hanser Verlag, 2013, S.85 (nachbearbeitet)

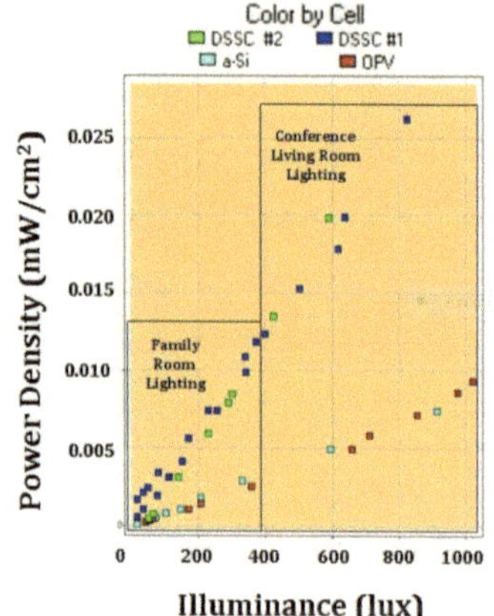

Das Diagramm zeigt die Leistungsdichte (= Power density) in mW/cm² verschiedener Solarzellenarten bei unterschiedlicher Beleuchtungsstärke in lux. Die verglichenen Solarzellen sind FSZ (= DSSC), Zellen aus amorphen Silicium (= a-Si) und organische Zellen (= OPV).
Zu beobachten ist, dass FSZ unter schlechten Lichtbedingungen deutlich bessere Leistungen als amorphe und organische Zellen liefern.

aus: Sridhar, N., A study of dye sensitized solar cells under indoor and low level outdoor lighting: comparison to organic and inorganic thin film solar cells and methods to address maximum power point tracking, in: http://www.solarprint.ie/uploads/documents/a_study_of_dssc_under_indoor_low_level_light_texas_instruments.pdf; Zugriff vom 27.10.14

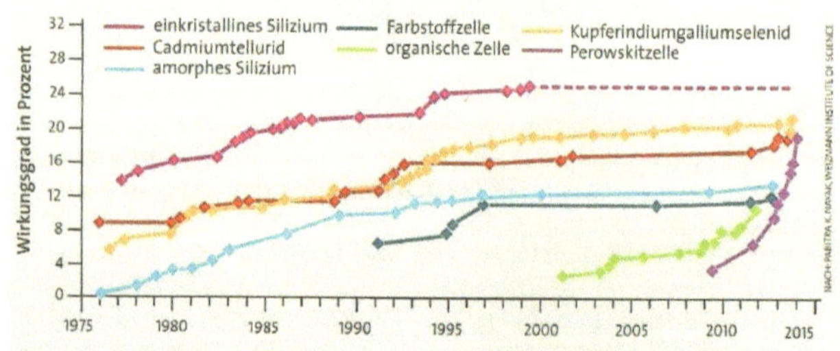

Entwicklung der gemeldeten Höchst- bzw. Rekordwirkungsgrade verschiedener Zellen. Betrachtet man den Anstieg der lila Kurve (Perowskitzelle) fällt hier im Vergleich zu anderen Solarzellen eine schnelle Steigung auf.

aus: Service, R., Senkrechtstarter bei Solarzellen, in: Spektrum der Wissenschaft. Die Uhr in uns (Oktober 2014), S. 16-19 (nach: Pabitra K. Nayak, Weizmann Institute of Science)

8. Abkürzungsverzeichnis

ADP	Adenosindiphosphat
ATP	Adenosintriphosphat
DSC, DSSC, DYSC	dye sensitized solar cells (= Farbstoffsensibilisierte Solarzellen)
EPFL	École polytechnique fédérale de Lausanne (= Eidgenössische Technische Hochschule Lausanne)
FSZ	Farbstoffsolarzelle
GiPV	Gebäudeintegrierte Photovoltaik
PS I	Photosystem I
PS II	Photosystem II
Si-Solarzelle, Si-Zelle	Silicium-Solarzelle
TCO	transparent conductive oxide (= transparentes, elektrisch leitfähiges Oxid)
TiO_2	Titandioxid

9. Quellenverzeichnis

9.1 Literaturquellen

Grätzel, M., Solar Energy Conversion by Dye-Sensitized Photovoltaic Cells, in: Inorganic Chemistry Vol. 44 (2005),

Heldt, W., Pflanzenbiochemie, Heidelberg 2003[3]

Hinsch, A., Long-term stability of dye-sensitised solar cells, in: Progress in Photovoltaics: Research and Applications Nov. /Dez. 2001 (2001)

Hunger, K., Industrial Dyes. Chemistry, Properties, Applications, Weinheim 2003

Junge, W., ATP-Synthese (Photophosphorylierung), in: D. Häder (Hg.), Photosynthese, Stuttgart 1999

Kim, H., A Study of the Photo-Electric Efficiency of Dye-Sensitized Solar Cells Under Lower Light Intensity, in: Journal of Electrical Engineering & Technology Februar 2007

Kupferschmidt, K., Mit der Sporttasche das Handy aufladen, in: Stuttgarter Zeitung vom 16.06.10

Lutz, A. (u.a.), BMBF-Forschungsprojekt ColorSol®, Umweltwirkungen der Farbstoffsolarzelle - Analyse des Ruthenium-Vorkommens und Bewertung des Ruthenium-Farbstoffs, o.O. 2007

Marek, L., Biomimetic Dye Aggregate Solar Cells. Dissertation, Darmstadt 2012

Mertens, K., Photovoltaik. Lehrbuch zu Grundlagen, Technologie und Praxis, o.O. 2013[2]

Nachtigall, W., Bionik. Grundlagen und Beispiele für Ingenieure und Naturwissenschaftler, o.O. 1998

Nachtigall, W., Bionik. Lernen von der Natur, München 2008

Riedel, E./Janiak, E., Anorganische Chemie, Berlin 2007[7]

Russel, M., Urzeugung in der Tiefsee, in: Spektrum der Wissenschaft Dossier. Von der Urzeugung zum künstlichen Leben 3/10 (2010)

Scheer, H., Pigmente und Antennenkomplexe, in: D. Häder (Hg.), Photosynthese, Stuttgart 1999

Service, R., Senkrechtstarter bei Solarzellen, in: Spektrum der Wissenschaft. Die Uhr in uns Oktober 2014 (2014)

Tributsch, H., Bionik solarer Energiesysteme als Orientierungshilfe für Forschung und Technologieentwicklung, in: FVS Themenheft (2000)

Zhou, H., Dye-sensitized solar cells using 20 natural dyes as sensitizers, in: Journal of Photochemistry and Photobiology. A: Chemistry 219 (2011)

9.2 Internetquellen

BIOKON Bionik-Kompetenznetz (Hg.), Faszination Bionik, in: http://www.biokon.de/bionik/was-ist-bionik; Zugriff vom 19. 07. 2014

Dyesol (Hg.), N719 Industry Standard Dye, in: http://www.dyesol.com/products/dsc-materials/dyes/n719-industry-standard-dye.html; Zugriff vom 23.10.14

EPFL (Hg.), Prof. Michael Graetzel LPI, in: http://lpi.epfl.ch/graetzel; Zugriff vom 23.10.14

Frauenhofer ISE (Hg.), Flyer Farbstoffsolarzellen und Module, in: http://www.ise.fraunhofer.de/de/veroeffentlichungen/veroeffentlichungen-pdf-dateien/infomaterial/broschueren-und-produktinformationen/geschaeftsfelder/flyer-farbstoffsolarzellen-und-module.pdf; Zugriff vom 01.11.14

Frauenhofer ISE (Hg.), Jahresbericht 2012, in: http://www.ise.fraunhofer.de/de/veroeffentlichungen/veroeffentlichungen-pdf-dateien/infomaterial/jahresberichte/fraunhofer-ise-jahresbericht-2012.pdf; Zugriff vom 27.10.14

Fraunhofer-Institut für Arbeitswirtschaft und Organisation (Hg.), Umweltwirkungsbewertung, in: http://www.colorsol.de/de/umwelt.html; Zugriff am 15.10.14

G24 Power (Hg.), Solar Smoke Detectors, in: http://gcell.com/applications/solar-smoke-detectors; Zugriff vom 26.10.14

G24 Power (Hg.), Wireless Solar Keyboard, in: http://gcell.com/case-studies/wireless-solar-keyboard; Zugriff vom 15.10.14

Grätzel, M., Der Natur abgeschaut: Die Farbstoffsolarzelle, in: http://www.science-blog.at/2012/10/der-natur-abgeschaut-die-farbstoffsolarzelle/; Zugriff vom 26.10.14

Jugend forscht (Hg.), Strom aus Tee, in: http://www.jugend-forscht.de/projektdatenbank/strom-aus-tee.html; Zugriff am 24.10.14

Logitech (Hg.), Logitech Solar Keyboard Folio, in: http://www.logitech.com/de-de/product/solar-keyboard-folio; Zugriff vom 15.10.14

PVS Solarstrom (Hg.), Halbleiter – Definition und ihre Verwendung in Solarzellen, in: http://www.photovoltaiksolarstrom.de/photovoltaiklexikon/halbleiter; Zugriff vom 31.10.14

Scharf, R., Effiziente Festkörper-Grätzelzelle, in: http://www.pro-physik.de/details/news/2059767/Effiziente_Festkoerper-Graetzelzelle.html; Zugriff vom 01.11.14

Solaronix (Hg.), Inauguration of the Swiss Tech Convention Center, in: http://www.solaronix.com/news/inauguration-of-the-swisstech-convention-center/; Zugriff vom 15.10.14

Sony (Hg.), Research and Development on the Dye-Sensitized Solar Cell Taking Full Advantage of the Characteristics of the Materials and Aiming to Open New Markets, in: http://www.sony.net/Products/SC-HP/cx_news/vol56/pdf/sideview56.pdf; Zugriff vom 15.10.14

Sridhar, N., A study of dye sensitized solar cells under indoor and low level outdoor lightning: Comparison to organic and inorganic thin film solar cells and methods to adress maximum power point tracking, in: http://www.solarprint.ie/uploads/documents/a_study_of_dssc_under_indoor_low_level_light_texas_instruments.pdf; Zugriff vom 15.10.14

U. S. Department of Energy (Hg.), Basic Research Needs for Solar Energy Utilization, in: http://science.energy.gov/~/media/bes/pdf/reports/files/seu_rpt.pdf; Zugriff vom 21.10.14

Ullrich, S., Effizienzrekord mit Farbstoffzellen, in: http://www.photovoltaik.eu/Effizienzrekord-mit-Farbstoffzellen,QUlEPTU0MzM3NyZNSUQ9MzAwMjE.html; Zugriff vom 20.08.14

Wirth, H., Aktuelle Fakten zur Photovoltaik in Deutschland, in: http://www.ise.fraunhofer.de/de/veroeffentlichungen/veroeffentlichungen-pdf-dateien/studien-und-konzeptpapiere/aktuelle-fakten-zur-photovoltaik-in-deutschland.pdf; Zugriff vom 13. 07. 2014

9.3 Sonstige Quellen

Videodatei: Deutsche Welle, 2012, Projekt Zukunft. Wie die Natur - das Geheimnis der Grätzel-Zelle, [Video], in: http://tv-download.dw.de/Events/mp4/pz/pzwtde2712-projektzuk01ep_graetzel_sd_dwdownload.mp4, Zugriff vom 23.08.14

Patentschrift: Grätzel, M., 1989. Photoelektrochemische Zelle, Verfahren zum Herstellen einer derartigen Zelle sowie Verwendung der Zelle, Europäisches Patentamt. EP 0333641 A1. 20.09.1989.

BEI GRIN MACHT SICH IHR WISSEN BEZAHLT

- Wir veröffentlichen Ihre Hausarbeit,
  Bachelor- und Masterarbeit

- Ihr eigenes eBook und Buch -
  weltweit in allen wichtigen Shops

- Verdienen Sie an jedem Verkauf

Jetzt bei www.GRIN.com hochladen
und kostenlos publizieren